ASPECTOS QUIRÚRGICOS DE LAS ENDOCARDITIS

Eladio Sánchez Domínguez

ASPECTOS QUIRÚRGICOS DE LAS ENDOCARDITIS

Eladio Sánchez Domínguez
Cirujano Cardiovascular

© 2012 Eladio Sánchez Domínguez

Reservados todos los derechos. Ni la totalidad ni parte de este libro puede reproducirse o transmitirse por ningún procedimiento sin permiso del autor.

Lulu Press, Raleigh, Carolina del Norte, Estados Unidos.

Primera edición, 1 de marzo de 2012.

ISBN: 978-1-4716-4713-0

Depósito Legal: BA-000119-2012

A Manuela

ÍNDICE

1. **DEFINICIONES** 7
2. **DIAGNÓSTICO DE ENDOCARDITIS** 9
3. **TRATAMIENTO** 13
4. **ENDOCARDITIS SOBRE VÁLVULAS NATIVAS** 19
5. **ENDOCARDITIS SOBRE VÁLVULAS PROTÉSICAS** 29
6. **CIRUGÍA** 35
7. **CIRUGÍA AÓRTICA** 39
8. **CIRUGÍA MITRAL** 43
9. **CIRUGÍA TRICUSPÍDEA Y PULMONAR** 45
10. **MARCAPASOS** 49
11. **MANEJO DE DESTRUCCIÓN ANULAR, FÍSTULAS Y ABSCESOS** 51
12. **CIRUGÍA DE ENDOCARDITIS PROTÉSICA** 59
13. **BIBLIOGRAFÍA** 73

1 DEFINICIONES

Endocarditis infecciosa: infección microbiológica endovascular de las estructuras cardiovasculares incluyendo endarteritis de los grandes vasos intratorácicos o de cuerpos extraños intracardiacos.

Endocardidis activa: cultivos positivos y fiebre en el momento de la cirugía, cultivos positivos obtenidos en la cirugía, morfología inflamatoria activa intraoperatoria, cirugía antes de completar el ciclo completo de antibioterapia. Diagnóstico de endocarditis en los 2 meses previos a la cirugía.

Endocarditis recurrente: tras erradicación de una previa. Se presenta más de 1 años tras cirugía de endocarditis previa.

Endocarditis persistente.

Endocarditis protésica precoz: antes de 1 año.

Endocarditis protésica tardía. (1)

2 DIAGNÓSTICO DE ENDOCARDITIS

Existen varias guías para el diagnóstico y tratamiento de endocarditis y se han desarrollado unos criterios diagnósticos.

En 2007 se ha publicado una comparativa de las guías de endocarditis (2). Compara las guias de endocarditis de la *European Society of Cardiology* (ESC), las guías británica (BSC) y de la *American Heart Association* (AHA). No emplea la guía de valvulares de la AHA de 2006.

Debido a la alta morbilidad y mortalidad de las endocarditis los pacientes con riesgo deberían razonablemente ser tratados con antibioticos cuando se sometan a intervenciones diagnósticas o terapeuticas asociadas con riesgo de endocarditis.

Pruebas sustanciales de la eficacia de profilaxis antibiótica previa a los procedimientos no existen. Las guías británicas son más agresivas en profilaxis.

Las guías de la AHA y la BSC confían en los criterios de Duke modificados para el diagnóstico. La guía de la ESC no emplea los criterios de Duke para el diagnóstico.

Todas las guías recomiendan tratamiento antibiótico guiado por el organismo y la sensibilidad.

La indicación de cirugía incluye en todas las guías: complicaciones hemodinámicas (insuficiencias valvulares agudas), no control de la infección con tratamiento antibiótico, complicaciones embólicas.

Todas las guías recomiendan consulta precoz entre cardiólogos, microbiólogos y cirujanos.

El diagnóstico se realiza a partir de la historia clínica, hemocultivos, electrocacardiograma, radiografía y ecocardiograma.

2.1 Hemocultivos

Tres ó más hemocultivos cada hora, no de vías intravenosas. El tratamiento intravenosos empírico empezarlo tras tomarse los hemocultivos si el paciente inestable.

2.2 Ecocardiografía

Todo paciente con sospecha clínica de endocarditis nativa debe realizase un ecocardiograma transtorácico. Cuando las imágenes son de calidad, el ecocardiograma transtorácico (ETT) es negativo y la sospecha es baja la endocarditis es poco probable. Cuando las imágenes son malas realizar ecocardiograma transesofágico (ETE).

ETE debe realizarse en ETT no concluyentes con sospecha alta, endocarditis protésicas, endocarditis aórticas, previo a la cirugía en endocarditis activa.

Detecta: vegetaciones, destrucción valvular, complicaciones perivalvulares (absceso, aneurisma, fístula).

2.3 MICROBIOLOGÍA

El 80% de casos se debe a estreptococos y estafilococos. Estreptococos del grupo viridans, *Streptococcus bovis*, *Staphylococcus aureus* y *Staphylococcus epidermidis*.

80% de endocarditis tricuspídeas por *Staphylococcus aureus*.

Endocarditis protésica precoz el más frecuente es *Staphylococcus epidermidis*.

Enterococcus faecalis y E. faecium se asocian a cáncer o manipulación genitourinaria o gastrointestinal.

Grupo HACEK.

Hongos: Candida. (3)

2.3.1 Endocarditis cultivo negativo

El 62% se debe a tratamiento antibiótico previo a la extracción de los hemocultivos.

Candida.

Aspergillus.

Fiebre Q.

Bartonella. (3)

3 TRATAMIENTO

Tras tomar hemocultivos y realizar ETT ó ETE.

Transferencia inmediata a un centro con cardiología, microbiología y cirugía cardiaca.

El tratamiento inicial debe ser guiado por los hallazgos clínicos y microbiología.

En casos complicados con sepsis, disfunción valvular severa, alteraciones del ritmo cardiaco o embolias, se debe iniciar tratamiento antibiótico empírico tras tomar tres hemocultivos. Posteriormente el antibiótico se ajusta a la microbiología.

Tratamiento antibiótico guiado por microbiología recogidos en guías de AHA 2006 de valvulares (3) y guías de endocarditis de AHA 2005 (4) y ESC 2004 (1).

Posible tratamiento empírico en endocarditis cultivo negativo

Válvula nativa (1)

Vancomicina (15 mg/kg iv cada 12h) 4-6 semanas

+ Gentamicina (1mg/kg iv cada 8h) 2 semanas.

Válvula protésica (1)

Vancomicina (15 mg/kg iv cada 12h) 4-6 semanas

+ Rifampicina (300-450 vo cada 8h) 4-6 semanas

+ Gentamicina (1mg/kg iv cada 8h) 2 semanas.

El tratamiento antibiótico debe mantenerse 4-6 semanas. Según microorganismo y guías.

Tras cirugía válvula nativa o protésica (1)

Cultivo de la válvula positivo: nuevo ciclo completo de antibióticos (4-6 semanas).

Cultivo de la válvula negativo: completar el ciclo de antibióticos iniciado, mantener el antibiótico al menos 7-15 días.

3.1 INDICACIONES DE CIRUGIA

Muy buena actualización en *uptodate*.

Revisión de indicaciones y momento de la cirugía revisado por Prendergast en 2010 (5).

3.1.1 Guías AHA 2006 (3)

Cirugía endocarditis válvula nativa

Clase I

1. Endocarditis aguda que se presenta con estenosis o insuficiencia valvular que provoca insuficiencia cardiaca.
2. Endocarditis aguda con IAo o IM con evidencia hemodinámica de PtdVI o presión aurícula izquierda elevadas.
3. Endocarditis por hongos o microorganismos altamente resistentes.
4. Endocarditis complicada con bloqueo, absceso anular o aórtico, lesiones penetrantes destructivas (fístula de seno de valsalva a AD, VD o AI, endocarditis aórtica con perforación mitral, o infección en anillo fibroso).

Clase IIa

1. Endocarditis con embolia recurrente y vegetación persistente a pesar de tratamiento antibiótico apropiado.

Clase IIb

1. Endocarditis con vegetación móvil mayor de 10 mm con o sin embolia.

Cirugía de endocarditis valvular protésica

Clase I

1. Se debe consultar a un cirujano cardiaco.
2. Insuficiencia cardiaca.
3. Dehiscencia protésica por fluoroscopia o ecocardiografía.
4. Aumento de la obstrucción o insuficiencia de la prótesis.
5. Complicaciones.

Clase IIa

1. Bacteriemia persistente o embolia recurrente pese a tratamiento antibiótico apropiado.
2. Endocarditis recurrente.

Clase III

1. Cirugía rutinaria no está indicada en pacientes con endocarditis protésica no complicada causada por una primera infección con un microorganismo sensible.

En Kirklin (6) se consideran indicaciones de cirugía:

Endocarditis valvular nativa activa: Insuficiencia cardiaca moderada o severa, episodios embolitos mayores, arritmias importantes, insuficiencia renal progresiva, endocarditis estafilococica (excepto endocarditis derechas), endocarditis fúngica, y sepsis incontrolada.

Endocarditis protésica precoz: insuficiencia cardiaca leve con evidencia de obstrucción valvular causada por vegetación, insuficiencia valvular y endocarditis estafilocócica con cualquier grado e insuficiencia cardiaca.

Endocarditis protésica tardía: similares a endocarditis valvular nativa.

Hace referencia a los datos ecocardiográficos que sugieren cirugía y a las vegetaciones mayores de 10 mm como posible indicación de cirugía.

Requieren cirugía el 30% de los casos con endocarditis activa y otro 20-40% tras curación (1).

El pronóstico es mejor si la cirugía se realiza antes de que se desarrolle la patología cardiaca y se deterioren las condiciones generales del paciente, independientemente de la duración del tratamiento antibiótico previo. La edad no es una contraindicación para cirugía (1).

El beneficio directo de la cirugía no se ha evaluado en ensayos clínicos randomizados debido a la alta mortalidad sin cirugía observada en ciertos subgrupos.

Las indicaciones se basan en estudios observacionales y opinión de expertos.Existen algunos estudios contradictorios con las indicaciones actuales (7).

Vikram, 2003, Universidad de Yale (8). 513 pacientes con endocarditis nativa complicada, 230 se intervinieron. La cirugía se asoció con una reducción en la mortalidad a 6 meses (16% vs 33%) sin ajustar y tras ajustar a las variables. Los pacientes con insuficiencia cardiaca moderada o severa obtuvieron los mejores resultados con la cirugía (14% vs 51%).

Aksoy, 2007 (9). 333 pacientes con endocarditis izquierda. Compara dos grupos de 51 pacientes con y sin cirugía. La cirugía se asoció con una disminución significativa en mortalidad, las diferencias fueron mayores en pacientes con insuficiencia cardiaca moderada o severa.

Tleyjeh, 2007, Clinica Mayo (7). 546 pacientes con endocarditis izquierda. 129 (23%) se intervinieron en los primeros 30 días del diagnóstico. Mortalidad 23% en el tratamiento médico, 27% en cirugía. Concluye que la cirugía en las endocarditis izquierdas no se asocia con un beneficio en la supervivencia y puede aumentar la mortalidad a los 6 meses, tras ajustar para variables. Sugiere nuevos estudios prospectivos.

4 ENDOCARDITIS SOBRE VÁLVULAS NATIVAS

4.1 Insuficiencia cardiaca

Antes del uso de la cirugía valvular la insuficiencia cardiaca causaba el 90% de muertes en endocarditis.

La insuficiencia aortica inducida por endocarditis es más frecuente que produzca insuficiencia cardiaca que la insuficiencia mitral.

La cirugía se debe realizar nada más aparezcan signos de insuficiencia cardiaca moderada o severa, antes de que ocurra un deterioro hemodinámico extremo o refractario, siendo peligroso en estos pacientes esperar una mejoría con tratamiento médico (1, 3, 4).

Metaanálisis de 9 estudios retrospectivos (10), 300 pacientes. Mortalidad 29 % con cirugía vs 60% con tratamiento médico solo.

El grado de actividad de la endocarditis y el tratamiento médico recibido un papel menor en la decisión de cirugía. En pacientes con insuficiencia cardiaca demorar la cirugía para extender la duración de antibióticos preoperatorios conlleva riesgo de disfunción ventricular permanente y debe evitarse (4).

La fiebre, anemia, sepsis e insuficiencia renal pueden exagerar la clínica de insuficiencia cardiaca.

Antecedentes de disfunción ventricular pueden desencadenar una insuficiencia cardiaca con poco papel de la afectación valvular.

Insuficiencias valvulares previas compensadas pueden descompensarse debido a que asiente sobre ellas una endocarditis.

4.2   Insuficiencia valvular severa asintomática

Pacientes con insuficiencia mitral o aórtica severa asintomática con evidencia de compromiso hemodinámico, presión telediastólica del ventrículo izquierdo elevadas o presión de arteria pulmonar elevadas pueden ser candidatos a cirugía precoz (3).

La cirugía no está indicada en la insuficiencia tricuspídea severa (1).

4.3   Infección localmente no controlada

La afectación de estructuras peri o paravalvulares es indicación de cirugía (1, 3, 4).

Celulitis, Abscesos, pseudoaneurismas, fístulas.

La extensión de la infección más allá de los velos es frecuente en endocarditis aórticas. 40% casos, principalmente en *S aureus* (11).

La cirugía en pacientes con abscesos tiene una supervivencia del 59% a 27 meses en una serie de 233 pacientes (12).

La alta morbilidad, recurrencia y mortalidad en pacientes con abscesos anulares con tratamiento médico o cirugía es una base para remitir precozmente a cirugía pacientes con microorganismos difíciles de tratar para evitar la formación de abscesos.

4.4 Arritmias

La aparición de trastornos del ritmo puede indicar extensión perivalvular y un peor pronóstico. Se debe realizar monitorización electrocardiográfica y ETE.

Es más frecuente en endocarditis aórticas.

Se debe considerar cirugía si la alteración de la conducción es progresiva y si se demuestra una extensión perivalvular.

Las arritmias ventriculares pueden indicar una afectación del miocardio y tener un peor pronóstico (1).

4.5 Embolización

La embolización es la complicación más frecuente de la endocarditis activa, se observa en un 22-43% de casos. En series de necropsias se ha constatado incluso mayor incidencia. Suele presentarse con manifestaciones cerebrales más que periféricas y viscerales, muchas embolizaciones son silentes (1).

No existe un consenso claro del número de embolias que indican cirugía. Las guías de AHA (3) consideran cirugía cuando embolia recurrente y vegetación persistente pese a tratamiento antibiótico apropiado.

4.5.1 Factores de riesgo de embolia

- Entre 2 y 3 veces mayor incidencia en endocarditis por: enterococo, estafilococo, HACEK, hongos que por estreptococos.

- Tamaño de la vegetación: vegetación móbil, consistente y de rápido crecimiento, mayor o igual a 10 mm, en válvula mitral. Especialmente en mayores de 15 mm.
- Inicio de la endocarditis. Pico de incidencia al inicio de la endocarditis. 50% de las complicaciones embólicas en los 20 primeros días. (16).
- Válvula nativa mitral frente a aórtica (1, 13).

4.6 Prevención

Inicio precoz de tratamiento antibiótico.

Pasar de anticoagulantes orales a heparina iv (1).

4.6.1 Embolia cerebral

Realizar TAC para excluir hemorragia cerebral.

La cirugía cardiaca no está contraindicada para prevenir recurrencia de embolia o si tiene indicación de cirugía. Mejores resultados en las primeras 72 horas del ACVA, cuando no se ha alterado la barrera hematoencefálica (14).

En hemorragias cerebrales estaría indicado esperar 2-4 semanas para la cirugía (15), aunque existen series con ACVAs hemorrágicos limitados intervenidos antes de 2 semanas.

Eishi (16). 181 endocarditis con complicación cerebral. Relación significativa entre intervalo hasta cirugía, mortalidad operatoria y exacerbación neurológica. Cirugía <7 días: mortalidad operatoria 44%, deterioro neurológico 46%. Cirugía>28 días: mortalidad operatoria 7%, deterioro neurológico 2%.

Gillinov (15): 34 endocarditis con complicación cerebral. Propone TAC y algoritmo:

Hemorragia intracraneal: cirugía tras 2-3 semanas. Realizar arteriografía cerebral:

Aneurisma micótico roto: cirugía y cirugía valvular tras 2-3 semanas.

Hemorragía por embolia: cirugía tras 4 semanas. Más riesgo.

Los **abscesos esplénicos** (1) debido a embolias viscerales tienen un alto riesgo de rotura. Se debe realizar *screening* en todas las endocarditis con ecografía abdominal, y confirmación mediante TAC. Se deben intervenir, si es posible, previo a la cirugía cardiaca.

Los **aneurismas micóticos (4)** ocurren más frecuentemente en arterias intracraneales, seguidas por viscerales, miembros superiores y miembros inferiores. Mortalidad global en pacientes con aneurismas micóticos y endocarditis: 60%, aneurismas micóticos no rotos: 30%, aneurismas micóticos rotos 80%.

El diagnóstico de aneurismas micóticos cerebrales es por arteriografía. La decisión quirúrgica individualizada. Posible tratamiento endovascular. En Kirklin (6) hace referencia a la posible regresión con cirugía cardiaca y tratamiento antibiótico adecuado.

La mayoría de aneurismas micóticos extracraneales se rompen si no se operan. Todos tienen indicación de cirugía.

4.7   Tamaño vegetación

Según guías AHA (3) la indicación de cirugía según el tamaño de la vegetación es controvertida. Indicación clase IIb para vegetaciones mayores 10 mm con o sin embolia.

En Kirklin (6) se recoge estudio de Sanfilippo (17): tamaño de la vegetación, extensión, movilidad y consistencia fueron predictores de complicación. Los pacientes con vegetación mayor de 10 mm tienen un mayor riesgo de embolia (47% vs 19%). Con verrugas de 16 mm llegaba a 90% posibilidades de complicaciones embólicas.

4.8 Microorganismos difíciles de tratar

Hongos, cocos gram + resistentes a betalactámicos, *Staphylococcus lugdunensis, enterococcus* ssp resistente a gentamicina, gram-, Brucella, Coxiella (1).

Las guías AHA 2006 consideran que las endocarditis por *S aureus* son casi siempre quirúrgicas (3) y la cirugía precoz puede permitir la reparación en endocarditis mitrales.

4.9 Infección persistente

Infección persistente tras 7-10 días de tratamiento antibiótico adecuado (1).

4.10 Fiebre persistente

La fiebre raramente es la única manifestación de una endocarditis no controlada.

Diagnóstico diferencial: infección metastásica, fiebre medicamentosa, infección asociada.

4.11 Tiempo de la cirugía

Muchos estudios defienden la cirugía precoz en pacientes con indicación apropiada.

No está justificado demorar la cirugía para evitar poner una prótesis en un tejido infectado y completar el ciclo antibiótico (18, 19).

Bien analizado en libro de **Vlessis y Bolling (20)**.

El desarrollo de complicaciones (insuficiencia cardiaca congestiva, extensión, embolias) aumenta la mortalidad operatoria y tardía. La mortalidad operatoria y las endocarditis protésicas son mayores en pacientes que se intervienen en fase activa de la endocarditis.

Es difícil predecir qué enfermo se va a complicar y cuál tolerará un periodo de tratamiento antibiótico previo a la cirugía.

Los pacientes con extensión paravalvular documentada, sepsis persistente o insuficiencia cardiaca refractaria deben considerarse cirugía urgente.

Los pacientes con insuficiencia leve-moderada con buena respuesta a antibióticos precoz y sin complicaciones completar el ciclo.

No hay estudios randomizados comparando cirugía precoz y tardía en el tratamiento de endocarditis. Series pequeñas, mezclan aórticos y mitrales, periodos largos, datos incompletos.

Aranki (21). 200 pacientes SVA por endocarditis aórtica nativa o protésica. Mortalidad operatoria: 15% endocarditis activa, 7% endocarditis curada. NYHA IV y endocarditis protésica únicos predictores de mortalidad operatoria. Único predictor de endocarditis recurrente cirugía en fase activa.

La mayoría de autores reportan mortalidad operatoria 10-15% en endocarditis activa, aunque otros reportan mortalidades del 4,8% (22).

4.12 Insuficiencia renal

La insuficiencia renal indica un mal pronóstico.

Causas: glomerulonefrities por inmunocomplejos, inestabilidad hemodinámica en síndrome séptico, nefrotoxicidad antibióticos, fallo renal postoperatorio, infartos renales embólicos, nefrotoxicidad por contraste (1).

Prevención mediante un diagnóstico precoz y selección de antibióticos.

5 ENDOCARDITIS SOBRE VÁLVULAS PROTÉSICAS

5.1 Disfunción valvular

Los pacientes con insuficiencia cardiaca congestiva moderada-severa debido a disfunción protésica tienen mejores resultados con cirugía.

Una prótesis híper móvil, inestable, debido a dehiscencia es una emergencia quirúrgica.

La cirugía por disfunción valvular debe realizarse antes de que la insuficiencia cardiaca sea severa e intratable. No evidencias para demorar la cirugía con idea de mejorar los resultados o reducir la recurrencia. La mortalidad operatoria es proporcional a la severidad de la inestabilidad hemodinámica en el momento de la cirugía.

5.2 Invasión perivalvular

Dehiscencia valvular.

Absceso paravalvular.

Aneurisma aórtico o pseudoaneurisma.

Fístula.

5.3 Recidiva tras tratamiento médico óptimo

Si recidiva la endocarditis pese a tratamiento antibiótico adecuado suele requerirse cirugía porque indica infección perivalvular no diagnosticada.

5.4 Microorganismos que suelen requerir cirugía

Staphylococcus aureus.

Endocarditis fúngica.

Pseudomona aeruginosa

Enterococo multiresistente

La incidencia de endocarditis protésica recurrente tras cirugía es 6-15%.

5.5 Series relevantes

Lytle. Cleveland Clinic. 1996 (23). 1975-1992: 146 pacientes intervenidos de endocartidis protésica. Mortalidad hospitalaria: 13%. Variables asociadas con mortalidad hospitalaria: disfunción ventricular, bloqueo cardiaco preoperatorio, enfermedad coronaria, cultivo positivo del material protésico. Supervivencia libres de reoperaciones fue 75% a los 5 años, 50% a los 10 años. Técnica: desbridamiento radical, reconstrucción de estructuras con pericardio bovino o autólogo, prótesis: mecánica (52), bioprótesis (76), homoinjerto (13). No diferencias en resultados según prótesis. Todas las endocarditis activas tratadas 4-6 semanas con antibióticos iv tras la cirugía.

Gordon. Cleveland Clinic. 2000 (24). 77 casos de endocarditis protésica precoz (<1 año). Menor incidencia en prótesis mitrales que aórticas (0,6% vs 1,4%). Estafilococos coagulasa negativo 52%. El tratamiento combinado medico-quirúrgico mayor supervivencia que médico: 30 días: 92% vs 65%, 1 año: 74% vs 40%, 3 años: 61% vs 33%.

Habib, Marsella. 2005 (25). 104 pacientes con endocarditis protésica. Mortalidad hospitalaria 21%. Factores: insuficiencia cardiaca, endocarditis protésica precoz, infección estafilocócica, endocarditis protésica complicada. La cirugía se asocia con mejores resultados en endocarditis estafilocócicas y endocarditis complicadas.

Wang, Universidad Duke. 2005 (26). Registro internacional de endocarditis. 367 endocarditis protésicas. Cirugía en el 42%. Mortalidad similar en grupos (25% cirugía vs 23,4% médico). Predictores de mortalidad hospitalaria: embolización cerebral, *S aureus*, con una tendencia no significativa de beneficio de la cirugía en estos grupos.

Edwards. Londres. 1998 (27). 322 endocarditis protésicas intervenidas. Mortalidad 30 días: 19,9%. Supervivencia a 1 año: 67%, 5 años: 55%, 10 años: 37,6%. Re-reoperación: 9,9%.

Akowuah. Shefield UK. 2003 (28): 66 pacientes endocarditis protésica. 28 antibióticos. 38 cirugía. Mortalidad hospitalaria: 46% vs 24%. Si quitamos siete pacientes moribundos del grupo médico: 29% vs 24%. Libres de endocarditis a los 5 años: 60% vs 65%.

Truninger. Zurich. 1999 (29). 49 endocarditis protésicas. 20% tratamiento médico. 80% cirugía. Solo complicaciones en el grupo quirúrgico. Mortalidad tardía: 14% vs 18%. Concluye que pacientes estables hemodinámicamente, endocarditis no estafilocócica, supervisados pueden ser tratados con antibióticos sin un aumento en reinfecciones, reoperaciones o muerte.

Castillo. Córdoba. 2000 (30). 43 endocarditis protésicas intervenidas. Mortalidad hospitalaria 23%.

6 CIRUGÍA

Las guías de la AHA 2006 (3) y ESC 2004 (1) recomiendan la reparación valvular frente a la sustitución valvular mitral o aórtica, debido a que la sustitución valvular se asocia a infección del material protésico.

6.1 Normas generales

Ecocardiograma transesofágico intraoperatorio. Principalmente si reparación o cirugía de complicaciones.

Mínima manipulación cardiaca previa al clampaje aórtico. Principalmente si grandes vegetaciones.

Optimizar protección miocardio. Cirugías largas.

Análisis detallado de la válvula si reparable. Valoración de la válvula aórtica o mitral.

Resección radical de todo el tejido infectado o necrótico con 1-2 mm de margen. Una prótesis infectada debe ser retirada completamente.

Aplicación local de antiséptico. Sumergir la prótesis y suturas en antibiótico. En endocarditis fúngica irrigar la zona con anfotericina. Puede usarse.

Cambio de instrumental, aspiradores y guantes tras resecar el tejido infectado (31).

6.2   Series relevantes

Bauernschmitt R. Heidelberg. 1998 (32). 138 pacientes intervenidos en endocarditis activa. Prótesis mecánicas. Mortalidad precoz 11,5%. Factores de riesgo de mortalidad precoz: NYHA, edad avanzada, estafilocócica. Recomienda cirugía precoz en pacientes con deterioro cardiaco rápido progresivo y en la mayoría de casos de endocarditis estafilocócicas. Técnica: resecar válvula y explorar estructuras, resecar todo el tejido infectado o necrótico independientemente de afectar tejido de conducción o músculo. Resecar abscesos. Cerrar defectos con parche de Dacron o sutura directa. Abscesos evacuados rellenarlos con pegamentos. Incubar suturas, parches y prótesis en solución de gentamicina.

Moon MR. Stanford. 2001 (33). 306 pacientes intervenidos de endocarditis izquierda mediante prótesis (209 nativas, 97 protésicas).

Mortalidad operatoria: 18%. Prótesis mecánica 65, bioprótesis 221, homoinjertos 20. Predictores de mortalidad operatoria: edad avanzada, estafilocócica, cultivo intraoperatorio positivo, disfunción renal, disfunción hepática. Supervivencia a largo plazo superior en endocarditis nativas: supervivencia a 20 años: 44% nativas vs 16% protésicas. La supervivencia independiente del tipo valvular. Libres de reoperaciones bajo en jóvenes con biológicas (19% a los 15 años). En mayores de 60 años libres de reoperaciones similar en biológicas vs mecánicas 84% vs 74%.

Concluye: válvulas mecánicas son las más adecuadas para pacientes jóvenes con endocarditis nativa. Válvulas biológicas son aceptables en pacientes mayores de 60 años con endocarditis nativas o protésicas o en casos seleccionados de pacientes jóvenes con endocarditis protésica.

Rossiter, 1978 (34): revisión de 2184 pacientes refiere que resistencia a la infección, comportamiento y supervivencia tras infección protésica similar en prótesis biológicas y mecánicas.

Válvulas biológicas más fáciles de esterilizar que las mecánicas si antibioterapia se inicia antes de la extensión de la infección al anillo.

Infección de bioprótesis o mecánicas que afecta al anillo protésico siempre cirugía.

Haydock (35): compara 78 homoinjertos con 30 prótesis. Concluye que con homoinjertos solo una incidencia constante de reinfecciones, con prótesis un pico inicial y una fase constante.

Sweeney (36): 185 endocarditis. 97 mecánicas y 88 biológicas. Mortalidad similar, más reoperaciones en biológicas.

David TE. Toronto. 2007 (37). 383 endocarditis activas. Mortalidad operatoria: 12%. Predictores de mortalidad operatoria: shock preoperatorio, endocarditis protésica, absceso paravalvular, *S aureus*. Supervivencia a 15 años: 44% (nativas 59%, protésicas 25%). En 135 infección extendida al anillo o estructuras vecinas: resección tejido infectado, reconstrucción del anillo con pericardio autólogo, pericardio bovino o dacron, y recambio valvular.

7 CIRUGÍA AÓRTICA

Tras desbridar el tejido infectado de la válvula aórtica y estructuras vecinas la decisión de tratamiento depende de: la presencia de infección activa, grado de extensión paravalvular, otros riesgos operatorios (edad, comorbilidad), contraindicación para anticoagulación, disponibilidad homoinjertos, experiencia y preferencia del cirujano.

7.1 Válvula protésica

La mayoría de los pacientes en mayoría de series.

Gran disponibilidad, incidencia baja de endocarditis protésica cuando cirugía en fase curada de endocarditis.

No diferencias entre mecánicas y biológicas. Usar criterios estándar.

7.2 Homoinjertos

La incidencia de endocarditis recurrente un pico precoz y una fase constante. Los homoinjertos solo la fase constante eliminando el pico precoz de endocarditis recurrente.

Considerarse principalmente en: endocarditis activa, extensión paravalvular, *S aureus*, endocarditis protésica.

Ventajas de homoinjertos en endocarditis: se amoldan bien al frágil tejido del anillo aórtico infectado, buena resistencia a la infección, excelente hemodinámica, no requiere anticoagulación.

Avierinos, Marsella, 2007 (38). 127 endocarditis activas aórticas. 43% homoinjertos, 57% prótesis. Mortalidad hospitalaria 9% (no diferencias). Supervivencia 10 años: 44% (no diferencias). Resección de todo el tejido infectado y a criterio del cirujano reconstrucción del anillo si afectado (pericardio autólogo, bovino o dacron) y prótesis o homoinjerto. Complicaciones anulares en el 76% de homoinjertos y 30% de prótesis.

Yankah, Berlin, 2002 (39). 182 homoinjertos en endocarditis aórticas activas. Implante subcoronario 106, raíz total 76. 68% absceso perianular, 75 endocarditis protésicas. Mortalidad operatoria 8,5%. Supervivencia a 10 años 91%. Homoinjertos pequeños es un factor de riesgo de reintervención.

Niwaya. Oklahoma. 1999 (40). 81 endocarditis aórticas. 29 protésicas. 78% activas. 32 pacientes infección compleja de aorta (absceso, fistulas). 46 homoinjetos, 25 Ross, 10 prótesis. 11 pacientes homoinjerto o Ross y cirugía mitral. Mortalidad precoz 16% (17% homoinjertos, 12% Ross, 20% prótesis). Mortalidad precoz activas 19%, inactivas 6%. Concluyen: homoinjertos y Ross los sustitutos valvulares de elección en endocarditis aórticas, incluso si cirugía mitral asociada. Pacientes con endocarditis activa y afectación limitada del anillo y esperanza de vida mayor de 20 años: Ross. Pacientes con endocarditis curada y esperanza de vida mayor de 20 años: Ross.

Klieverik LMA, grupo Yacoub y Rotterdam. 2009 (41). 138 endocarditis aórticas nativas. 106 homoinjertos, 32 prótesis mecánicas. Más homoinjertos en aortas con abscesos. No diferencias significativas en Mortalidad hospitalaria (9% y 3%), supervivencia a 1 año (89% y 93%) y 15 años (56% y 65%). Recurrencia de endocartitis en 6 homoinjertos y 1 mecánica (NS). Reoperación en 12 homoinjertos y 1 mecánica, significativo.

7.3   Ross

Ventajas: igual a homoinjertos, tendencia a reparar, crecimiento.

Joyce (42): 11 pacientes, mortalidad 0%.

Pettersson G. Copenhague. 1998 (43). 35 endocarditis aórticas intervenidas de Ross. 13 extensión anular, 11 protésicas. Edad media 41 años. Mortalidad operatoria: 2 pacientes (5,8%). Recomiendad el Ross en casos seleccionados por sus ventajas.

7.4 Reparación valvular

Casos seleccionados.

Parche pericardio autólogo en perforación de velos.

8 CIRUGÍA MITRAL

8.1 Sustitución valvular. Prótesis

Recambio valvular en un paciente estable hemodinámicamente resultados favorables iniciales en el 80-90% casos.

Riesgo de endocarditis recurrente 10-15%.

No diferencias entre mecánicas y biológicas. Según indicaciones generales.

8.2 Reparación valvular

Preserva el aparato valvular y evita las complicaciones de las prótesis.

Principal factor: cantidad tejido sano presente. Se debe resecar todo el tejido infectado e inflamado.

Resección velos anterior y posterior, parches de velos, cirugía de cuerdas.

Dreyfus (44). 40 pacientes reparación endocarditis mitral. Mortalidad hospitalaria 2,5%. Reoperaciones 2,5%.

Pagani (45). 22 pacientes (15 curadas). No casos de recurrencia y no mortalidad hospitalaria.

Zegdi, Georges Ponpidou, 2005 (46). 37 pacientes reparados por endocarditis activa mitral. Mortalidad hospitalaria: 3%. Recurrencia: 3%. Supervivencia a los 10 años libres de reoperación: 80%.

Iung, Bichat hospital, París. 2004 (47). 63 reparaciones endocarditis mitrales (agudas 40%). Mortalidad hospitalaria 3,2%. Supervivencia a 7 años libres de eventos 78%.

9 CIRUGÍA TRICUSPÍDEA Y PULMONAR

Uno de los dilemas es cuándo está indicada cirugía en endocarditis derechas. Algunos recomiendan cirugía en vegetaciones mayores 1 cm y sepsis, persistencia de sepsis tras dos semanas de antibioterapia. Otras series no consideran estas indicaciones.

El 14% de las endocarditis. Requiere cirugía solo el 20% (48).

Planteamientos:

Excisión valvular. Planteamiento clásico, principalmente en adictos a drogas por vía parenteral (ADVP). Requieren reopeación el 20% por IC derecha (48).

Reparación valvular. Depende del tejido que quede tras la excisión de vegetaciones y tejido infectado.

Sustitución valvular. Homoinjertos. Prótesis.

Arbulu, 1999 (49). 55 ADVP. 53 pacientes con excisión tricuspídea y 2 con excisión tricuspídea y pulmonar. Mortalidad precoz: 6 pacientes. El 49% de supervivientes volvieron a la drogadicción. 4 pacientes requirieron inserción de prótesis tras 2-13 años por insuficiencia cardiaca derecha intratable. Lo consideran de elección en ADVP. Requiere corazón izquierdo normal. Bien tolerado y rápida recuperación.

Gottardi, Viena. 2007 (48). 18 reparaciones y 4 sustituciones tricúspides. 12 pacientes ADVP. En todos se intentó reparación:

Endocarditis limitada al velo posterior: excisión del velo posterior y bicuspidización tricuspídea mediante plicación del anillo y sliding del velo anterior y septal.

Perforación velo anterior o septal: plastia con parche de pericardio autólogo.

Afectación del aparato subvalvular: excisión del tejido infectado. Trasposición de segmento de velo y cuerdas del velo de enfrente. Cierre directo del velo sano.

En todos: anuloplastia con anillo Carpentier.

Recomienda esperar hasta que infección controlada.

Mortalidad hospitalaria: 0%. 2 recurrencias tratadas con antibioterapia.

Musci, Berlin. 2007 (50). 84 endocarditis derechas. 57 solo derechas. 20 prótesis, 31 reparaciones. Recomienda evitar tejidos protésicos, en reparaciones anuloplastia con pericardio. Si no posible reparación:

homoinjertos o bioprótesis. Supervivencia: 30d 96%, 5 años 73%, 20 años 57%. Mejor que en endocarditis derechas e izquierdas. Casos de endocarditis derechas e izquierdas más mortalidad y morbilidad, alta incidencia de abscesos (30%).

10   MARCAPASOS

Alta incidencia de infección no controlada o recidiva en pacientes con bacteriemias por estafilococos portadores de marcapasos. Se recomienda quitar todo el sistema (49).

Del Rio, Barcelona, 2003 (51). 31 endocarditis de marcapaso. Tratamiento médico en 7, todos recidivaron. Excisión en 24. Mortalidad 12,5%.

11 MANEJO DE DESTRUCCIÓN ANULAR, FÍSTULAS Y ABSCESOS

Cuando la infección progresa desde la válvula o prótesis destruye la porción fibrosa o muscular del corazón, produciendo: fístulas, abscesos, bloqueo cardiaco, destrucción anular, *leaks*, perforación cardiaca (taponamiento).

Durante la cirugía la extensión de la destrucción de tejido suele ser peor que la diagnosticada.

Ecocardiograma transesofágico.

La evidencia de absceso, fístula, bloqueo nuevo o en progreso, o leak perivalvular son indicación de cirugía.

11.1 Normas generales

Antibioterapia de amplio espectro dirigida por los cultivos antes, durante y después de la cirugía.

Cubrir con paños el campo operatorio antes de abrir la zona infectada.

Debridamiento extenso de todo el tejido infectado (raíz aorta, anillos, ventrículo, aurículas).

Inspección de estructuras vecinas.

Irrigación pulsátil con suero de las zonas desbridadas.

Retirar el instrumental usado, paños, aspiradores y guantes.

Tejidos autólogos y homoinjertos son preferibles para la reconstrucción.

Pericardio bovino tratado con glutaraldehido es preferible al dacron.

Abscesos y fístulas se deben cubrir o cerrar con el material de reconstrucción.

Sutura de monofilamento no reabsorbibles.

Antibioterapia 6 semanas. Continuar si a las 6 semanas PCR >10 mg/dl.

11.2   Destrucción del anillo mitral

Poco publicado de abscesos y destrucción del anillo mitral.

Más frecuentes en endocarditis protésicas.

Más frecuentes en porción posteroinferior del anillo mitral.

Excisión de la válvula nativa o prótesis.

Debridamiento del tejido infectado. Puede requerir excisión de pared posterior de aurícula izquierda o ventrículo izquierdo, exponiendo la arteria circunfleja en el surco auriculoventricular.

11.2.1 Reconstrucción con parche de pericardio. Técnica de David

Parche semicircular de pericardio autólogo o bovino suturado con puntos profundos a la pared posterior del ventrículo izquierdo y aurícula izquierda.

Magnífica descripción del grupo de Torono en Operative Technique (52):

Absceso confinado al anillo posterior: parche semicircular de pericardio autólogo suturado con prolene 4/0 aguja grande al miocardio sano de la pared posterior del ventrículo izquierdo con puntos grandes. Se baja el parche tras varios puntos. Se continúa la sutura en ambas direcciones hasta la zona de anillo sano y se fija con otro punto. Dependiendo de la integridad del tejido auricular del anillo se continúa suturando el parche a la aurícula o se deja sin suturar. Prótesis con trenzada de 2/0 apoyado en parche ventriculares, en zona del parche de pericardio se pueden dar desde la cara posterior del parche.

Absceso que afecta a toda la circunferencia del parche: parche circunferencial de pericardio bovino fijado con prolene 3/0, en la zona de la válvula aórtica suturada al trígono fibroso. Dejar sin suturar el borde libre del parche en la cara auricular. Prótesis con los parches en cara ventricular.

En Kirklin suturan todo el parche y los teflón de las prótesis los ponen en cara auricular (6).

11.2.2 Reconstrucción del anillo mitral con puntos en 8. Técnica de Carpentier

Se reconstruye la unión auriculoventricular con puntos en 8 de *ethibond* 2/0 en los bordes auricular y ventricular. Los puntos ventriculares abarcar un tercio del espesor del músculo y ser largos. Al anudar reduce el tamaño del anillo y cierra el surco sin dañar a la circunfleja que se rechaza para fuera. Al anudar se debe ayudar con pinzar la aproximación de los bordes. Si la infección afecta el miocardio ventricular, el borde auricular es disecado para mobilizar un flap auricular para cubrir el área destruida suturada con puntos en 8. Se implanta prótesis de manera habitual (31).

11.3 Abseso anillo aórtico

Suelen localizarse en zona velo no coronariano o comisura NC/CI.

Deben ser evacuados y desbridados.

Absceso único pequeño: cierre con parche de pericardio, sutura directa o con la sutura de la prótesis. Sutura de la prótesis con teflón en cara ventricular del anillo, desde fuera de la aorta o desde el septo infundibular abriendo el tracto de salida del ventrículo derecho y saliendo en el anillo aórtico (52).

Abscesos grandes: recambio total de la raíz de aorta es la solución más satisfactoria. En Kirklin (6) y Edmunds (53) recomiendan homoinjertos por la flexibilidad para reconstruir la continuidad entre el ventrículo y la aorta. Pudiéndose usar el velo mitral del homoinjerto al orientarlo para cerrar defectos del tracto de salida del ventrículo izquierdo.

En Edmunds, David hace hincapié que es más importante la excisión de todo el tejido infectado que el tipo de válvula que se implanta (53).

11.4 Fístulas

Suelen originarse en abscesos de la raíz de la aorta. Tras desbridar el absceso y zona de origen de la fístula se debe cerrar su entrada a la otra cavidad. Cierre directo o con parche desde fuera o abriendo cavidades: arteria pulmonar, aurícula derecha, a través de tricúspide acceder al tracto de salida del ventrículo derecho, techo aurícula izquierda (31).

Posibles parches a septo interventricular, techo de aurícula izquierda, trígono fibroso, aurícula derecha, arteria pulmonar, coronarias.

11.5 **Destrucción de continuidad mitro-aórtica**

Si el absceso limitado al cuerpo fibroso intervalvular es posible salvar la válvula mitral, el tercio proximal del velo anterior mitral se puede resecar y reconstruir. Cuando existen dudas es mejor quitar todo el velo anterior mitral que dejar tejido infectado, siendo necesario crear una nueva continuidad mitroaórtica (técnica de David, descrita en Edmunds (53), buena descripción por Lyttle en libro de Vlessis y Bolling (54)).

La resección y reconstrucción se puede realizar a través del techo de la aurícula izquierda.

Tras excisión de la válvula o prótesis aórtica, extensión de la aortotomía a la continuidad mitroaórtica y techo de aurícula izquierda. El absceso se quita mejor en bloque. Se excinde la válvula o prótesis mitral.

Se crea una nueva continuidad mitroaórtica suturando dos parches triangulares de pericardio bovino a los trígonos fibrosos. Una prótesis mitral se sutura al anillo mitral posterior y al doble parche anterior. La incisión en el techo de aurícula izquierda se cierra con el parche externo y la raíz aorta se reconstruye con el interno. Una prótesis aórtica se sutura al anillo aórtico y al parche. Cuando se usan homoinjertos el velo anterior mitral se puede usar de parche para la nueva continuidad mitroaórtica (53).

11.6 Resultados

Mortalidad perioperatoria en cirugía de endocarditis complejas: 7-30%.

Revisión de estudios, endocarditis persistente o recurrente 11-25% prótesis vs 3,4-6,5% homoinjertos en cirugía de endocarditis aórtica. Supervivencia a 5 años: 54-75% vs 73-87%.

Marcapasos definitivo: 18-47%.

Reexploraciones por sangrado: 5-37%.

Factores de mortalidad precoz: NYHA IV, bloqueo, estafilocócica, endocarditis protésica precoz, edad, afectación multivalvular.

D´Udekem. Toronto. 1996 (55). 70 pacientes con endocarditis activa y absceso. Absceso anillo mitral 11, raíz aorta 44, múltiple 15. Cirugía:

prótesis mecánica 36, bioprótesis 30, homoinjerto aórtico 2, reparación valvular 2. Mortalidad operatoria: 13% (9). Supervivencia 8 años: 64%. Libres de endocarditis recurrente a 8 años: 76%. Concluye que lo más importante es la resección radical, reconstrucción con pericardio, no el tipo de prótesis implantada.

Choussat. Pitie. 1999 (56). 233 pacientes en 42 hospitales con absceso perivalvular. 38 mitrales. Endocarditis protésica 77 pacientes. 51% infección no controlada con antibióticos en el momento de la cirugía. 20 pacientes recibieron solo tratamiento médico. Menos de una semana de antibióticos precirugía 20%, más de 4 sem 34%. Mortalidad operatoria 16%. Cirugía: cierre directo o con parche del absceso, debridamiento e implante de válvula en el borde superior o inferior del absceso. Mayoría prótesis mecánicas en mitrales, aórticas y protésicas.

Knosalla. Berlin. 2000 (57). 65 pacientes con endocarditis aórtica y absceso. 18 protésicas. Homoinjertos 47, mecánicas 15, bioprótesis 3. Mortalidad operatoria 23,5% grupo protésico vs 8,5% homoinjertos. Supervivencia 11 años: 82% homoinjertos vs 64,7% protésicos.

David. Toronto. 2007 (58). 135 endocarditis con absceso. 27 mitrales. 66 protésicas. Mortalidad operatoria 15,5%. Supervivencia 15 años 43%. Libres de reoperación 15 años 72%.

12 CIRUGÍA DE ENDOCARDITIS PROTÉSICA

Magnífica revisión en el libro de Vlessis y Bolling escrita por Lytle (54).

Difícil valoración de los datos existentes: diferentes subespecialidades, series pequeñas, cambios en criterios, mejoría de la técnica quirúrgica, poblaciones actuales más ancianas.

12.1 Incidencia y Bacteriología

12.1.1 Endocarditis protésica precoz

Fase precoz de endocarditis protésica que se extiende 2-6 meses con riesgo del 1-3%, fase tardía de menor riesgo. En reparaciones valvulares y anillos riesgo de fase precoz del 0,2%.

Los pacientes que reciben homoinjerto no fase precoz de riesgo.

La fase precoz se debe a contaminación operatoria de la prótesis, bacteriemia postoperatoria (la prótesis no endotelizada es más susceptible a la infección). En pacientes que se intervienen de endocarditis la fase precoz de riesgo de endocarditis se debe a una persistencia de la infección.

La fase precoz igual de frecuente en prótesis mecánicas y biológicas. Mucho menos en homoinjertos y Ross, no se sabe en *stentless*.

Mayoría por gram positivos. Origen nosocomial.

12.1.2 Endocarditis protésica tardía

0,8% por año.

Menor en prótesis mecánicas que biológicas (0,4% año vs 0,9% año).

12.2 Patología

Clasifica en: infección de prótesis, infección de prótesis y anillo, infección que causa destrucción más allá del anillo nativo.

Endocarditis protésicas precoz: casi siempre afecta al anillo, produciendo *leak*. Dependiendo del tiempo de evolución puede causar destrucción más allá del anillo. 83% al menos afectación del anillo, 39% evidencia de destrucción más allá del anillo.

Endocarditis protésica tardía. Más frecuente tener afectación solo de la prótesis, frecuentemente en bioprótesis.

12.3 Diagnóstico

Hemocultivos y ecocardiografía.

Realizar hemocultivos antes de iniciar tratamiento antibiótico.

La eficacia de la prevención de endocarditis protésica en pacientes que presentan una bacteriemia no se sabe. Recomienda en bacteriemias por gram positivos con prótesis 6 semanas de antibioterapia intravenosa.

Para establecer el diagnóstico de endocarditis protésica que justifique cirugía se requiere alguna alteración anatómica que afecte la prótesis. ETE. Un ecocardiograma negativo no descarta el diagnóstico, principalmente en endocarditis protésica precoz.

Pacientes con cultivos positivos y ecocardigrama normal o con pequeña vegetación valvular es posible que no tengan endocarditis protésica o que tengan una endocarditis protésica precoz que pueda ser tratada solo con antibióticos.

Pacientes con cultivos positivos y anomalías anatómicas afectando el anillo suelen requerir tratamiento médico y cirugía.

Valorar: infección metastásica, anatomía coronaria, función de órganos, control de la infección, duración de antibioterapia previa.

Los síntomas abdominales son una indicación de TAC. Abscesos hepáticos o esplénicos no son contraindicación de cirugía y no requieren cirugía previa.

ACVA 10-25% de endocarditis protésicas. Realizar ecocardiografía y TAC. La presencia de una vegetación residual en la prótesis es una indicación relativa de cirugía. La presencia de un ACVA embólico en TAC no es contraindicación de cirugía. En pacientes con ACVA hemorrágico los riesgos de la cirugía inmediata valorarse con el riesgo de extensión de la infección.

Valorar función hepática y renal. Valorar coagulopatía.

Si es posible la cura bacteriológica previa a la cirugía el riesgo de reinfección es menor.

No es aconsejable permitir una extensión local o fallo sistémico intentando una cura con antibioterapia. La mayoría de pacientes con evidencia de infección anular o invasiva no se curarán con antibióticos solos. Una vez que se inician los antibióticos, demorar la cirugía requiere que la mejoría clínica sea precoz y sostenida. Cualquier empeoramiento de la situación (fiebre, embolias, ecocardiografía) es indicación de cirugía.

12.4 Cirugía de endocarditis protésica

Reesternotomía.

Posible canulación arterial y venosa periférica y CEC con o sin hipotermia antes de reesternotomía. Principalmente en casos de pseudoaneurismas aórticos debajo del esternón.

Tras abrir el esternón, abrir ambas pleuras para permitir que caigan las estructuras cardiacas. Exponer las estructuras derechas y la aorta. Canular aorta. Canular VCS directamente y VCI por AD o por vena femoral.

Usar cardioplegia retrógrada e hipotermia 32°C.

Principios de la cirugía: retirar prótesis y material extraño, cerrar los agujeros, recambiar las válvulas, usar tejidos biológicos.

12.5 Endocarditis protésica aórtica

Sustituto ideal homoinjerto aórtico como raíz total.

Aortotomía oblicua hacia el anillo no coronariano.

Escisión de prótesis aórtica, desbridamiento del tejido infectado.

Explorar válvula mitral. En perforaciones aisladas del velo anterior por el jet de insuficiencia aórtica si separadas del anillo infectado pueden ser cerradas con parche de pericardio.

Preparación de botones coronarios. Mobilizarlos.

Comunicaciones entre el tracto de salida del ventrículo izquierdo y ventrículo derecho, aurícula derecha o izquierda previas o creadas al limpiar la zona cerrarlas con parches de pericardio autólogo o bovino con prolene 4/0.

La localización más frecuente de extensión de infección es el trígono fibroso y velo anterior mitral. Si se usa un homoinjerto se puede emplear el velo mitral de homoinjerto para cerrar el defecto. Si se usa una prótesis se debe cerrar por separado el defecto de la continuidad mitroaórtica con un parche de pericardio para rehacer el anillo e implantar la prótesis.

Si existe una gran destrucción de la raíz aorta puede haber discrepancia entre el homoinjerto y el anillo. No quitar el faldón muscular del homoinjerto o hacer una bufanda de pericardio alrededor del homoinjerto con prolene 5/0.

Implante del homoinjerto con puntos sueltos prolene 4/0.

Alternativa a los homoinjertos es implantar prótesis reconstruyendo la raíz de aorta con parche de pericardio. Posible poner las suturas desde fuera de la aorta en el seno no coronariano o abrir aurícula derecha, arteria pulmonar o ventrículo derecho para anudar las suturas dentro de estas estructuras.

12.5.1 Infección de tubo valvulado

La endocarditis suele afectar la unión de la prótesis con el anillo. La infección se puede extender a lo largo del dacron. Posible pseudoaneurismas anastomóticos posteriores y anteriores y de los botones coronarios.

Intención quitar todo el material protésico e implantar homoinjerto.

Parada circulatoria para anastomosis homoinjerto arco aórtico. Posible implantar homoinjerto invertido sin velos, para posterior sutura a otro homoinjerto. Se clampa el homoinjerto y se reanuda CEC y se realiza la cirugía de raíz aorta.

12.6 Endocarditis protésica mitral

Se suele exponer por la aurícula izquierda. Posible aumentar la exposición dividiendo la vena cava superior y extendiendo la incisión de la aurícula izquierda hacia el trígono fibroso.

Se extrae la prótesis mitral.

Posible entrar en el anillo mitral posterior al extraer la prótesis o desbridar el tejido infectado.

Reconstruir el anillo con pericardio fijado al músculo ventricular no infectado y seguir a través del anillo a la superficie auricular.

Se implanta la prótesis en posición normal, usando el parche como anillo.

Existe poca experiencia con homoinjertos mitrales.

12.7 Endocarditis protésica con infección del trígono

La única posibilidad real de quitar la infección es quitar el trígono fibroso entero con la prótesis mitral y aórtica.

Para ganar exposición es útil dividir la cava superior, extender la incisión de aurícula izquierda al trígono fibroso y la aorta.

Implantar zona posterior de prótesis mitral.

Reconstruir la porción superior del anillo mitral con pericardio autólogo o bovino. Puntos en *Mattress* a través del pericardio para fijar el resto de la prótesis mitral.

Implantar la prótesis aórtica en el anillo aórtico salvo zona no coronariana.

Puntos en *Mattress* a través del pericardio para fijar el resto de prótesis aórtica.

El cierre de la aorta y aurícula izquierda con el parche de pericardio.

12.8 **Resultados**

No estudios randomizados entre tratamiento médico y tratamiento médico-cirugía.

Demorar la cirugía, una vez que la indicación está hecha, en espera de una mejoría con antibióticos puede empeorar la infección local y sistémica.

Los pacientes con endocarditis protésicas tratadas solo con tratamiento médico no suelen tener buenos resultados. Mortalidad del 70-23%.

La mayoría de pacientes con endocarditis protésica precoz requerirán cirugía. No claro si hay casos benignos que pueden ser tratados con antibioterapia solo.

Las endocarditis protésicas tardías en bioprótesis no por estafilococo aureus ni hongos y que no tienen afectación anular o extensión pueden ser tratadas satisfactoriamente con antibióticos. Suelen ser bioprótesis que posteriormente se degeneran más rápidamente.

La mortalidad quirúrgica ha sido alta históricamente: 23%.

Ha mejorado con el tiempo pasando la serie de la *Cleveland Clinic* del 24% al 13%. En pacientes con afectación anular o extensión del 36% al 9%.

La supervivencia a largo plazo es menor que otras cirugía valvulares. Serie *Cleveland Clinic* supervivencia a 5 años 82%, 10 años 40%. Supervivencia libres de reoperación 5 años 76%, 10 años 36%.

Recomendado tratar todos los pacientes con alguna evidencia de endocarditis activa al menos 6 semanas con antibióticos intravenosos tras la fecha de la cirugía. Realizar un ETE postoperatorio precoz. En casos de endocarditis protésica fúngica recambio valvular con anfotericina perioperatoria y tratamiento a largo plazo con antifúngicos orales.

12.9 Indicación de cirugía

Endocarditis protésica precoz con afectación anular, *leak* protésico, insuficiencia cardiaca, o verruga mayor de 1 cm. Mejor algunos días de antibioterapia iv previa pero no necesario.

Pacientes con shock o deterioro hemodinámico en el momento de presentación: cirugía de emergencia.

Pacientes clínicamente estables con endocarditis protésica precoz sin afectación anular y que tienen solo pequeñas vegetaciones decisión difícil. Comenzar con antibioterapia iv y ETE seriados. Cambios anatómicos recomiendan cirugía aunque no haya deterioro clínico. Algunos casos pueden no ser endocarditis protésica y el ETE seriados nos dará el diagnóstico.

Endocarditis protésica tardía. Antibioterapia en casos sin afectación anular clínicamente estables. Si evidencia de afectación anular cirugía. Pacientes con afectación solo de velos de bioprótesis que experimentan clara mejoría con antibioterapia pueden ser tratados solo con antibióticos.

12.10 Series relevantes

Lytle. Cleveland Clinic. 2002 (59). 27 pacientes con endocarditis protésica sobre tubo de aorta ascendente. Sustitución de raíz aorta con homoinjerto. Todos endocarditis activa, 89% absceso, 41% discontinuidad aortoventricular. Mortalidad operatoria 3,7%.

Hagl. Mount Sinai. 2002 (60). 28 endocarditis aórticas en que se realizó Bentall. 25 tenían prótesis aórtica previa, 3 Bentall previo. 68% urgencias-emergencias. Consideran la retirada de todo el material infectado y la realización de un Bentall la técnica de elección. Mortalidad hospitalaria 11%.

Sabik. Cleveland Clinic. 2002 (61). 103 pacientes con endocarditis protésica aórtica con recambio de la raíz aorta por homoinjerto. Abscesos 78%. Mortalidad hospitalaria 3,9%. Supervivencia 1 año 90%, 5 años 73%, 10 años 56%.

Leyh. Hannover. 2004 (62). 29 pacientes con endocarditis protésica aórtica con destrucción de raíz aorta. 16 homoinjertos. 13 Tubo valvulado. Mortalidad hospitalaria 18,5%. No diferencias en mortalidad ni supervivencia a 5 años (80%). No recurrencias.

Krasopoulos. Toronto. 2008 (63). 27 pacientes con endocarditis y destrucción de unión aortoventricular. Nueva técnica para crear un nuevo tracto de salida del ventrículo izquierdo con un tubo de dacron suturado al septo y cuerpo fibroso o al anillo de una prótesis mitral implantada previamente. Se reimplantan las coronarias y se implanta una prótesis en el tubo por debajo de las coronarias con puntos desde fuera del dacron. Bien descrito en el artículo. Mortalidad hospitalaria 3 pacientes.

13 BIBLIOGRAFÍA

1. Horstkotte D, Follath F, Gutschik E, et al. Task Force Members on infective endocarditis of the European Society of Cardiology; ESC Committee for practice guidelines (CPG); Guidelines on prevention, diagnosis and treatment of infective endocarditis. Eur Heart J. 2004;00:1-37.

2. Delahaye F, Wong J, PG M. Infective endocarditis: a comparison of international guidelines. Heart. 2007;93:524-7.

3. Bonow RO, Carabello BA, Chatterjje K, et al. ACC/AHA 2006 Guidelines for the management of patients with valvular heart disease. Circulation. 2006:e1-e148.

4. Baddour LM, Wilson WR, Bayer AS, et al. Infective endocarditis: diagnosis, antimicrobial therapy, and management of complications. Circulation. 2005;111:3167-84.

5. Prendergast BD, Tornos P. Surgery for infective endocarditis. Who and When? . Circulation. 2010;121:1141-52.

6. Infective Endocarditis. En: Kouchoukos NT, Blackstone EH, Doty DB, Hanley FL, Karp RB, eds. Kirklin/Barrat-Boyes Cardiac Surgery. 3 ed: Churchill Livingstone 2003:689-711.

7. Tleyjeh IM, Ghomrawi HM, Steckelberg JM, et al. The impact of valve surgery on 6-month mortality in left-sided infective endocarditis. Circulation. 2007;115:1721.

8. Vikram HR, Buenconsejo J, Hasbun R, et al. Impact of valve surgery on 6-month mortality in adults with complicated, left side native valve endocarditis: a propensity analysis. JAMA. 2003;290:3207.

9. Aksoy O, Sexton DJ, Wang A, et al. Early surgery in patients with infective endocarditis: a propensity score analysis. Clin Infect Dis 2007;44:364.

10. Moon MR, Stnson EB, Miller DC. Surgical treatment of endocarditis. Prog Cardiovasc Dis. 1997;40:239.

11. Vlessis AA, Bolling SF. En: Endocarditis A multidisciplinary approach to modern treatment: Futura Publishing Company; 1999:249.

12. Choussat R, Thomas S, Isnard R, et al. Perivalvular abscesses associated with endocarditis: Clinical features and prognostic factors or overall survival in a series of 233 cases. Eur Heart J. 1999;20:232.

13. Fabri J, Issa VS, Pomerantzeff PM, et al. Time-related distribution, risk factors and prognostic influence of embolism in patients with left.sided infective endocarditis. Int J Cardiol. 2006;110:334-9.

14. Piper C, Wiemer M, Schulte HD, et al. Stroke is not a contraindication for urgent valve replacement in acute infective endocarditis. J Heart Valve Dis. 2001;10:703-11.

15. Gillinov AM, Shah RV, Curtis WE, et al. Valve replacement in patients with endocarditis and acute neurologic deficit. Ann Thorac Surg. 1996;61:1125-29.

16. Eishi K, Kawazoe K, Kuriyama Y, et al. Surgical Management of infective endocarditis study. Jpn J Thorac Cardiovasc Surg. 1995;110:1745-55.

17. Sanfilippo AJ, Picard MH, Newell JB, et al. Echocardiographic assessment of patients with infectious endocarditis: prediction of risk for complications. J Am Coll Cardiol 1991;18:1191.

18. Habib G, Avierinos JF, Thuny F. Aortic valve endocarditis: is there an optimal surgical timing? Curr Opin Cardiol 2007;22:77-83.

19. Aksoy O, Sexton DJ, Wang A, et al. Early surgery in patients with infective endocarditis: a propensity score analysis. Clin Infect Dis. 2007;44:364-72.

20. Aklog L, Gobezie R, Adams DH. Aortic Valve Endocarditis. En: Vlessis AA, Bolling SF, eds. Endocarditis A multidisciplinary

approach to modern treatment: Futura Publishing Company; 1999:235-61.

21. Aranki SF, Santini F, Adams DH, et al. Aortic valve endocarditis: Determinants of early survival and late morbidity. Circulation. 1994;90:II175-82.

22. David TE, Bos J, Christakis GT. Heart valve operations in patients with active infective endocarditis. Ann Thorac Surg. 1990;49:701-5.

23. Lytle BW, Priest BP, Taylor PC, et al. Surgical treatment of prosthetic valve endocarditis. J Thorac Cardiovasc Surg. 1996;111:198-210.

24. Gordon SM, Serkey JM, Longworth DL, et al. Early onset prosthetic valve endocarditis: the Cleveland clinic experience 1992-1997. Ann Thorac Surg. 2000;69:1388-92.

25. Habib G, Tribouilloy C, Thuny F, et al. valve indocarditis: who needs surgery? A multicentre study of 104 cases. Heart. 2005;91:954-9.

26. Wang A, Pappas P, Anstrom KJ, et al. The use and effect of surgical therapy for prosthetic valve infective endocarditis: a propensity analysis of a multicenter, international cohort. Am Heart J 2005;150:1086-91.

27. Edwards MB, Ratnatunga CP, Dore CJ, et al. Thirty-day mortality and long-term survival following surgery for prosthtic endocarditis: a study from the UK heart valve registry. Eur J Cardiothorac Surg 1998;14:156-64.

28. Akowuah EF, Davies W, Oliver S, et al. Prosthtic valve endocarditis: early and late outcome following medical or surgical treatment. Heart. 2003;89:269-72.

29. Truninger K, Attenhofer CH, Seifert B, et al. Long term follow up of prosthtic valve endocarditis: what characteristics identify patients who ere treated successfully with antibiotics alone? . Heart. 1999;82:714-20.

30. Castillo JC, Anguita MP, Ramirez A, et al. Pronostico a corto y largo plazo de la endocarditis sobre prótesis en pacientes no drogadictos. Rev Esp Cardiol 2000;53:625-31.

31. Filsoufi F, Adams DH. Surgical Treatment of Mitral Valve Endocarditis. En: Cohn LH, Edmunds LH, eds. Cardiac Surgery in the adult. 2 ed: McGraw Hill 2003:987-97.

32. Bauernschmitt R, Jakob HG, Vahl CF, et al. Operation for infective endocarditis: results after implantation of mechanical valves. Ann Thorac Surg. 1998;65:359-64.

33. Moon MR, Miller C, Moore KA, et al. Treatment of endocarditis with valve replacement: the question of tissue versus mechanical prosthesis. Ann Thorac Surg. 2001;71:1164-71.

34. Rossiter SJ, Stinson EB, Oyer PE, et al. Prosthetic valve endocarditis. Comparitson of heterograft tissue valves and mechanical valves. J Thorac Cardiovasc Surg. 1978;76:795-803.

35. Haydock D, Barratt-Boyes B, Macedo T, et al. Aortic valve replacement for active infectious endocarditis in 108 patients. A comparison of freehand allograft valves with mechanical prostheses and bioprostheses. J Thorac Cardiovasc Surg. 1992;103:130-9.

36. Sweeney MS, Reul GJ, Cooley DA, et al. Comparison of bioprosthetic and mechanical valve replacement for active endocarditis. J Thorac Cardiovasc Surg. 1985;90:676-80.

37. David TE, Gavra G, Feindel CM, et al. Surgical treatment of active infective endocarditis: a continued Challenger. J Thorac Cardiovasc Surg. 2007;133:144-9.

38. Avierinos JF, Thuny F, Chalvignac V, et al. Surgical treatment of active aortic endocarditis: homografts are not the cornerstone of outcome. Ann Thorac Surg. 2007;84:1935-42.

39. Yankah AC, Petzina KR, Siniawski MH, et al. Surgical management of acute aortic root endocarditis with viable homograft: 13-year experience. Eur J Cardiothorac Surg. 2002;21:260-7.

40. Niwaya K, Knott-Craig CJ, Santangelo K, et al. Advantage of autograft and homograft valve replacement for complex aortic valve endocarditis. Ann Thorac Surg. 1999;67.

41. Klieverik LMA, Yacoub MH, Edwards S, et al. Surgical treatment of active native aortic valve endocarditis with allografts and mechanical prostheses. Ann Thorac Surg. 2009;88:1814-21.

42. Joyce F, Tingleff J, Petterson G. The Ross operation in the treatment of prosthetic aortic valve endocarditis. Semin Thorac Cardiovasc Surg 1995;7:38-46.

43. Pettersson G, Tingleff J, Joyce FS. Treatment of aortic valve endocarditis with the Ross operation. Eur J Cardiothorac Surg. 1998;13:678-84.

44. Dreyfus G, Serraf A, Jebara VA, et al. Valve repair in acute endocarditis. Ann Thorac Surg. 1990;49:706-13.

45. Pagani FD, Monaghan HL, Deeb GM, et al. Mitral valve reconstruction for active and healed endocarditis. Circulation. 1996;94(Suppl 2):133-8.

46. Zegdi R, Debieche M, Latremouille C, et al. Long-term results of mitral valve repair in active endocarditis. Circulation. 2005;111:2532-36.

47. Iung B, Rousseau-Paziaud J, Cormier B, et al. Contemporary results of mitral valve repair for infective endocarditis. j Am Coll Cardiol. 2004;43:386-92.

48. Gottardi R, Bialy J, Devyatko E, et al. Midterm follow-up of tricúspide valve reconstruction due to active infective endocarditis. Ann Thorac Surg. 2007;84:1943-9.

49. Arbulu A, Gellman S, Levine D, et al. Right Heart Endocarditis. En: Vlessis AA BS, ed. Endocarditis A multidisciplinary approach to modern treatment: Futura Publishing Company; 1999:277.

50. Musci M, Siniawski H, Pasic M, et al. Surgical treatment of right-sided active infective endocarditis with or without involvement of the left heart: 20-year single center experience. Eur J Cardiothorac Surg. 2007;32:118-25.

51. Del Rio A, Anguera I, Miro JM, et al. Surgical treatment of pacemaker and defibrillator lead endocarditis. Chest. 2003;124:1451-9.

52. Feindel CM. Mitral valve replacement in patients with mitral annulus abscess. Op Tech Thorac Cardiovasc Surg 2003;8:14-26.

53. David TE. Surgical Treatment of Aortic Valve Endocarditis. En: Cohn LH, Edmunds LH, eds. Cardiac Surgery in the Adult. 2 ed: McGraw Hill; 2003:857-66.

54. Lytle BW. Prosthetic Valve Endocarditis. En: Vlessis AA, Bolling SF, eds. Endocarditis A multidisciplinary approach to modern treatment: Futura Publishing Company; 1999:339-75.

55. D´Udekem Y, David TE, Feindel CM, et al. Long-term results of operation for paravalvular abscess. Ann Thorac Surg. 1996;62:48-53.

56. Choussat R, Isnard TR, Iung MB, et al. Perivalvular abscesses associated with endocarditis. Eur Heart J. 1990;20:232-41.

57. Knosalla C, Weng Y, Yankah AC, et al. Surgical treatment of active nfective aortic valve endocarditis with associated periannular abscess- 11 year results. Eur Heart J. 2000;21:490-7.

58. David TE, Regesta T, Gavra G, et al. Surgical treatment of paravalvular abscess: long-term results. Eur J Cardiothorac Surg. 2007;31:43-8.

59. Lytle BW, Sabik JF, Blackstone EH, et al. Reoperative cryopreserved root and ascending aorta replacement for acute aortic prosthetic valve endocarditis. Ann Thorac Surg. 2002;74:S1754-7.

60. Hagl C, Galla JD, Lansman SL, et al. Replacing the ascending aorta and aortic valve for acute prosthetic valve endocarditis: is using prosthetic material contraindicated? . Ann Thorac Surg. 2002;74:S1781-5.

61. Sabik JF, Lytle BW, Blackstone EH, et al. Aortic root replacement with cryopreserved allograft for prosthetic valve endocarditis. Ann Thorac Surg. 2002;74:650-9.

62. Leyh RG, Knobloch K, Hagl C, et al. Replacement of the aortic root for acute prosthetic valve endocarditis: prosthetic composite versus aortic allograft root replacement. J Thorac Cardiovasc Surg. 2004;127:1416-20.

63. Krasopoulos G, David TE, Armstrong S. Custom-tailored valved conduit for complex aortic root disease. J Thorac Cardiovasc Surg. 2008;135:3-7.